Philipp Dase

Die Gesundheitsregion Berlin-Brandenburg - Aktueller Stand

GRIN Verlag

Bibliografische Information der Deutschen Nationalbibliothek:

Die Deutsche Bibliothek verzeichnet diese Publikation in der Deutschen National-
bibliografie; detaillierte bibliografische Daten sind im Internet über http://dnb.d-
nb.de/ abrufbar.

Impressum:

Copyright © 2009 GRIN Verlag GmbH
Druck und Bindung: Books on Demand GmbH, Norderstedt Germany
ISBN: 978-3-640-44667-4

Dieses Buch bei GRIN:

http://www.grin.com/de/e-book/136084/die-gesundheitsregion-berlin-brandenburg-
aktueller-stand

Die Gesundheitsregion Berlin-Brandenburg

Fachbereich Wirtschaft
Regionalmanagement
4. Semester:
Beleg zum Modul Regionale Netze II
Sommersemester 2009
Autor: Philipp Dase

Inhaltsverzeichnis

1. Zum Handlungsbedarf:

Die Gesundheitsbranche steht in praktisch all ihren Bereichen vor tief greifenden Umbrüchen. Diese können einerseits als Herausforderung, andererseits als Chance für grundlegende Veränderungen aufgegriffen werden. Der demographische und sozioökonomische Wandel führt zu einer immer älter werdenden Bevölkerung. Damit einhergehend zu einer höheren Nachfrage nach gesundheitlichen Leistungen, aber auch gleichzeitig zu einem steigenden Gesundheitsbewusstsein der jüngeren Generation und erhöhter Bereitschaft, mehr Geld für gesundheitserhaltende, sowie gesundheitsfördernde Leistungen auszugeben. Die staatlichen Rahmenbedingungen für die Gesundheit werden sich, bedingt durch die verändernden Eigentümerverhältnisse weg von der öffentlichen Hand hin zu privaten Unternehmen und Investoren, neu strukturieren müssen. Die bisher bestehenden Finanzierungssysteme des Gesundheitswesens werden zukünftig ihre Funktion den neuen Rahmenbedingungen anpassen und der Wettbewerb wird sich aufgrund von außen in den Markt drängender Akteure verschärfen. Das Selbstbewusstsein und vor allem das Informationsbedürfnis der potentiellen Patienten wächst und verändert damit auch das Verhältnis gegenüber den Anbietern gesundheitlicher Dienstleistungen. Transparenz, Qualität und Aufklärung werden zukünftig enorm an Bedeutung gewinnen.[1]

Im Zusammenhang mit dem rasant steigenden medizin-technischen Fortschritt werden der deutschen Gesundheitsbranche überdurchschnittliche Wachstums- und Beschäftigungspotentiale prognostiziert.[2] Dies führt dazu, dass Gesundheit nicht mehr ausschließlich als Kostenfaktor, sondern immer mehr als ein Motor für Investitionen in die Zukunft und in neue aussichtsreiche Wirtschaftsfelder wahrgenommen wird. Innerhalb der letzten Jahre ist der Begriff der Gesundheitsregion immer mehr in den Vordergrund gerückt.

Zahlreiche Städte und Regionen versuchen sich als Gesundheitsregion zu profilieren und haben dementsprechend die Gesundheitsbranche als regionalen Wirtschaftsfaktor und -motor identifiziert und Maßnahmen zur Förderung der Gesundheitswirtschaft ergriffen.

Eine besondere Rolle kommt dabei dem Regionalmanagement zu. Dieses identifiziert vorhandene endogene und exogene Potentiale, sowie Schwächen der Region und hilft, die regionalen Akteure aus Politik, Wirtschaft und Verwaltung zusammenzuführen und gemeinsam mit ihnen ein Leitbild und eine Identität für die Region zu entwickeln. Des Weiteren unterstützt sie die Netzwerkbildung und Kooperation in der Region, um vorhandene Synergien effektiv auszunutzen und Probleme gezielt anzugehen.

2. Begriffsdefinition:

Gesundheit:

Nach der Welt-Gesundheits-Organisation ist Gesundheit wie folgt definiert:

Gesundheit wird definiert als ein Zustand des vollkommenen körperlichen, sozialen und geistigen Wohlbefindens und nicht nur des Freiseins von Krankheiten und Gebrechen (Definition: 1946) [3]

Gesundheit als Fähigkeit des Individuums, die eigenen Gesundheitspotenziale auszuschöpfen und auf die Herausforderungen der Umwelt zu reagieren (Definition:1986) [4]

Diese Sichtweise von Gesundheit orientiert sich am vom israelisch-amerikanischen Medizinsoziologen Aaron Antonovsky formulierten Kohärenzgefühl:

„Das Kohärenzgefühl ist eine globale Orientierung, die ausdrückt, in welchem Ausmaß man ein durchdringendes, dynamisches Gefühl des Vertrauens hat, dass die Stimuli, die sich im Verlauf des Lebens aus der inneren und äußeren Umgebung ergeben, strukturiert, vorhersehbar und erklärbar sind; einem die Ressourcen zur Verfügung stehen, um den Anforderungen, die diese Stimuli stellen, zu begegnen; diese Anforderungen Herausforderungen sind, die Anstrengung und Engagement lohnen." [5]

Dabei sind für das persönliche Wohlbefinden unter anderem folgende Faktoren von Bedeutung: Anerkennung, Verfügbarkeit von Ressourcen, Transparenz und Kommunikation. Diese Faktoren werden jedoch in hohem Maße von Umweltfaktoren und Faktoren der Region bestimmt und müssen daher erforscht, bewertet und genutzt werden. Dies wird durch eine koordinierte und kooperative Arbeit qualifizierter Akteure erreicht. [6]

Gesundheitswirtschaft:

Grundsätzlich wird unter Gesundheitswirtschaft die Erstellung von Gütern und Dienstleistungen zum Erhalt oder Wiederherstellung der Gesundheit verstanden.

Die traditionelle Gliederung des Gesundheitswesens unterscheidet die stationäre Versorgung in Krankenhäusern und die ambulante Versorgung überwiegend durch niedergelassene Ärzte, die ergänzt wird durch nicht ärztliche Gesundheitsleistungen in den Bereichen Pflege, Therapie und Arzneimittelversorgung. [7]

Region:

Region ist das Gebiet eines großflächigen, weitgehend miteinander verflochtenen Lebens- und Wirtschaftsraumes, welcher sich i.d.R. durch eine eigene Kultur, Geschichte und Identität auszeichnet. Eine Region kann sowohl geografisch durch Landesgrenzen wie auch durch politische Strukturen und Funktionsräume definiert sein. [8]

Gesundheitsregion:

Für den Begriff Gesundheitsregion existiert keine allgemein gültige Definition. Die bestehenden Ansätze konzentrieren sich zumeist auf einen oder mehrere von drei Schwerpunktbereichen in der Gesundheitswirtschaft. So ist die Rede von einer Gesundheitsregion, wenn bspw. Cluster in der Biotechnologie vorliegen, es eine breite Ausstattung an Kliniken und Forschungseinrichtungen gibt oder sich der Tourismus in einer Region besonders auf Wellness und Rehabilitation konzentriert. Allen gemeinsam ist jedoch, dass ihnen immer eine Einheit gesundheitsfördernder Faktoren für Bürger und Gäste zu Grunde liegt, welche entsprechende Einrichtungen, Organisationsformen und Akteure braucht. [9]

In der Regel werden bei der Profilierung der Gesundheitsregion bestimmte Strategieansätze verfolgt. [10] Diese lassen sich unterscheiden in:

1. Know-how-Entwicklung: Regionen organisieren ihr Know-how zur Entwicklung des Gesundheitssektors und anspruchsvollen gesundheitsbezogenen Dienstleistungen so, dass es als Exportgut angeboten werden kann. Ein Ausbau von Forschungs- und Entwicklungs-angeboten sowie Qualifizierungs- und Beratungsdienstleistungen wird damit weiter vorangetrieben.

2. Entwicklung der Vorleistungs- und Zuliefererindustrien: Förderung von Medizintechnik, Biotechnologie etc.

3. Perspektiven für Kur- und Heilbäder: Traditionelle Kur- und Bäderregionen modernisieren ihre Kompetenzen im Reha-Bereich, und entwickeln neue Geschäftsfelder im Fitnessbereich. Neue Verzahnungen zwischen stationären und ambulanten Rehabilitationsdienstleistungen werden entwickelt, der Wellness-Bereich wird weiter ausgebaut (medical-wellness).

4. Ausbau der gesundheitsbezogenen Erlebnisangebote: Neue Service- und Erlebnispakete werden vorangetrieben, um die regionale Nachfrage vor Ort abzuschöpfen und die Nachfrage von außerhalb anzusprechen.

5. Vermarktung von Gesundheitseinrichtungen: durch eine gemeinsame Marketingstrategie der regionalen Akteure wird die Nachfrage angeregt.

Netzwerk:

Unter einem Netzwerk ist eine Menge von Akteuren zu verstehen, die untereinander durch Beziehungen verbunden sind. Dies können Individuen, Haushalte, Familien, Zweckverbände, andere soziale Gruppen, lokale oder regionale Einheiten sein.

Charakteristische Beziehungen in der Menge dieser Akteure sind u.a. Verwandtschaft, Freundschaft, Informationsaustausch, Arbeitsleistungen, Transaktion materieller und immaterieller Ressourcen. [11]

3. Zur Region

3.1. Regionale Abgrenzung

Berlin und Brandenburg bilden gemeinsam die Region Berlin-Brandenburg, einen der dynamischsten Wirtschaftsräume Europas. Brandenburg als Flächenland und die Großstadt Berlin ergänzen sich in idealer Weise. Berlin ist Bundeshauptstadt Deutschlands und zugleich verfassungsmäßig ein Bundesland der Bundesrepublik Deutschland. Geographisch umgibt das Bundesland Brandenburg den Stadtstaat Berlin. In der veränderten Geographie des größeren Europas, das die östlichen Nachbarländer einschließt, ist Berlin-Brandenburg ins Zentrum gerückt. Die Region Berlin-Brandenburg präsentiert sich zunehmend als eine wirtschaftliche Großregion. So gibt es zahlreiche gemeinsame Projekte und Initiativen, die die regionalen und ökonomischen Vorzüge der Region hervorheben und für die Zukunft stärken wollen. [12]

3.2. Ausgangssituation in der Region Berlin-Brandenburg:

Im Gegensatz zu vielen anderen Regionen verfügt Berlin-Brandenburg aktuell schon über die nötigen Voraussetzungen, die eine Gesundheitsregion auszeichnen. Die Zahl der Akteure in verschiedenen Bereichen von Gesundheit, z.B. in der Biotechnologie und Medizintechnik überschreitet bereits die „kritische Masse" und ermöglicht die Bildung eines Gesundheitsclusters. Die vorhandenen Kapazitäten decken die gesamte Wertschöpfungskette von der Ausbildung über Forschung und Entwicklung bis zur Produktherstellung, Leistungserbringung und Markterschließung ab. Berlin und Brandenburg verfügen gemeinsam entlang aller Stationen dieser Wertschöpfungskette über wichtige Potentiale mit unterschiedlichen Schwerpunkten, die sich sinnvoll ergänzen. Genannt sei hier nur die ideale

Kombination aus hochwertigen Kliniken in Berlin und den exzellenten Wellness- und Reha-Einrichtungen in Brandenburg.

Es existiert bereits eine Reihe von regional, sowie überregional agierenden Netzwerken wie z.B. Bio Top Berlin-Brandenburg, die Forschung, Wirtschaft und teilweise auch die Krankenversorgung bündeln. Des Weiteren weist Berlin-Brandenburg eine außergewöhnliche Dichte an gesundheitsorientierten Forschungsbereichen in Hochschulen, als auch in außeruniversitären Einrichtungen und Unternehmen auf. Berlin-Brandenburg verfügt über ein leistungsfähiges Netz der kurativen Gesundheitsversorgung.[13] Die Charité gehört zu den führenden Universitätskliniken in Deutschland [14] und Vivantes ist das größte öffentliche Krankenhausunternehmen Deutschlands.[15] Berlin und seine zwölf Bezirke sind Mitglied im WHO-„Gesunde-Städte-Netzwerk" der Bundesrepublik Deutschland, das der Vernetzung von gesundheitsfördernden Strukturen und Gesundheitsangeboten im präventiven Bereich dient. [16] Die Attraktivität Berlin-Brandenburgs als Gesundheitsregion zeigt sich auch in der Investitionsbereitschaft privater Unternehmen. So hat z.B. die Helios Kliniken GmbH mehr als 200 Mio. € in den Neubau des Klinikum Buch investiert und ihren Verwaltungssitz nach Berlin verlegt. [17] Berlin-Brandenburg verfügt bereits jetzt schon über 348.000 Beschäftigte im Gesundheitssektor, damit sind ca. 14 % aller Erwerbstätigen in Berlin-Brandenburg im Gesundheitssektor tätig. [18] Für die Zukunft versucht sich Berlin-Brandenburg als Referenzzentrum für eine transparente, qualitativ hochwertige patientenorientierte Gesundheitsversorgung.

Kennzahlen der Gesundheitswirtschaft in Berlin-Brandenburg: [18]

- 348.500 Beschäftigte (2007)
- 22 Milliarden Euro Umsatz
- 14 Milliarden Euro Bruttowertschöpfung (2007)
- 15.000 Studierende in den Gesundheitsstudiengängen
- 30.000 Auszubildende in den Gesundheitsberufen
- 189 Unternehmen der Biotechnologie / Biomedizin
- 250 Unternehmen der Medizintechnik
- 24 Pharmaunternehmen
- 120 Kliniken
- 48 Rehakliniken
- 570 Alten- und Pflegeheime
- 9.800 niedergelassene Ärzte
- 1.400 Apotheken

Netzwerke: [19]

- **Netzwerk Gesundheitswirtschaft Berlin-Brandenburg** <u>Ziele</u>: koordiniert die 12 Handlungsfelder des Masterplans
- **Gesundheitsstadt Berlin** <u>Ziele</u>: Standortmarketing, Unternehmen ansiedeln, internationaler Auftritt
- **TSBmedici** <u>Ziele</u>: Stärkung der Medizintechnik
- **BioTOP** <u>Ziele</u>: Standortmarketing, Beratung

Weitere Fakten und Daten sind dem Anhang zu entnehmen.

3.3. SWOT-Matrix der Gesundheitsregion Berlin-Brandenburg [20]

Stärken	Schwächen
<ul><li>Enge Vernetzung zwischen Gesundheitswissenschaft und Gesundheitswirtschaft</li><li>Bedeutender Absatz- und Testmarkt für neue Therapien und technologische Innovationen</li><li>Optimale Infrastruktur für die Ansiedlung von Unternehmen</li><li>Zentrum gesundheitspolitischer Veranstaltungen und Entscheidungen</li><li>Sitz zahlreicher Verbände und Ausschüsse aus dem Gesundheitsbereich</li><li>Hervorragende klinische Einrichtungen</li><li>Exzellente Grundlagenforschung</li><li>Regional vorhandene Wertschöpfungskette</li><li>Innovative KMU</li></ul>	<ul><li>Schwache Kooperation zwischen den regionalen Akteuren</li><li>Abhängigkeit von Fördermitteln</li><li>Fehlendes übergeordnetes Regionalmanagement</li><li>Geringes Engagement von Seiten der Politik</li><li>Geringe internationale Wahrnehmung</li><li>Fachkräftemangel</li><li>Ausbaufähige Netzwerkstruktur</li><li>Mangelnde wirtschaftswissenschaftliche Beschäftigung mit Gesundheit</li></ul>
Chancen	**Risiken**
<ul><li>Führende Gesundheitsregion Deutschlands bedingt durch gute Grundvoraussetzungen</li><li>Weitere Potentiale durch den Ausbau der Standorte Adlershof und Buch mit jeweils eigenem Gesundheits-Profil</li><li>Zusätzliche Attraktivität durch den Ausbau des Großflughafen BBI</li><li>Nutzung von Potenzialen von Berlin-Brandenburg als dicht besiedelte Region mit einer großen Dichte von Krankenhäusern als Feld und Zentrum klinischer Forschung</li></ul>	<ul><li>Umsetzungsprobleme aufgrund unterschiedlicher Herangehensweisen und Akteure</li><li>Langsamer Fortschritt aufgrund mangelnder finanzieller Mittel</li><li>Überregionale sowie internationale Konkurrenz</li></ul>

Aus der SWOT-Matrix lassen sich die strategischen Ziele für die Gegenwart und Zukunft ableiten: [21]

- Berlin-Brandenburg als innovatives und leistungsfähiges Zentrum der Gesundheitswirtschaft in Deutschland etablieren
- Schaffung eines positiven Investitionsklimas und Neuausrichtung der Förderpolitik auf die wesentlichen Bereiche der Gesundheitswirtschaft
- Stärkung und Ausbau regionaler und überregionaler Netze
- Zusammenführung regionaler Akteure aus Wirtschaft, Wissenschaft und Politik
- Stärkung des Bewusstseins für Gesundheit
- Schaffung von „Gesundheits-Leuchttürmen"
- Aufbau eines begleitenden Regionalmanagements zur Koordinierung, Netzwerkbildung, Aufzeigung von Synergien und Vermeidung von Überkapazitäten.

Zur Umsetzung dieser strategischen Ziele wurden konkrete Handlungsfelder und Maßnahmen identifiziert, deren Umsetzung bis 2015 erreicht werden soll. Eine ausführliche Übersicht über die Handlungsfelder, Maßnahmen und Netzwerke befindet sich im Anhang.

3.4. Handlungsfelder [22]

1. Gesundheitswissenschaften als Motor der Entwicklung

2. Lehre, Ausbildung, Fortbildung

3. Transparenz und Steuerung

4. Marken, Messen, Kongresse

5. Biotechnologie und Biomedizin

6. Medizintechnik und Telemedizin

7. Angebote und Dienste für ältere Menschen

8. Modernisierung und Optimierung der Gesundheitsversorgung

9. Prävention, Gesundheitsförderung, Rehabilitation und Ernährung

10. Verlängerung und Stärkung der Wertschöpfungsketten

11. Gesundheitsstandorte und Entwicklung

12. Export von Gesundheit und Gesundheitstourismus

3.5. Aktueller Stand in der Gesundheitsregion Berlin-Brandenburg: [23]

Die Entwicklung der einzelnen Handlungsfelder variiert aufgrund verschiedener Maßnahmenträger stark und verläuft daher nicht immer nach Plan. Momentan werden die Handlungsfelder 2. (Lehre, Ausbildung, Fortbildung) und 9. (Prävention, Gesundheitsförderung, Rehabilitation und Ernährung) am aktivsten vorangetrieben.

Im Handlungsfeld 2 wurden mit dem Ausbildungs- und Studienatlas, der jährlichen Messe „Gesundheit als Beruf" und dem Fachkräftemonitoring wichtige Elemente zur Sicherung von Fachkräften initiiert. [24] Mit dem Atlas zur medizinischen Rehabilitation und Prävention hat sich das Handlungsfeld 9 für die Transparenz für Patienten stark gemacht. [25] Zusätzlich wurden und werden parlamentarische Abende veranstaltet, um diese Themen auch in der politischen Ebene bekannt zu machen. In den anderen Feldern wurde aktiv an Wettbewerben zur Förderung der Gesundheitsregion teilgenommen jedoch mit mäßigem Erfolg. Die Gründe hierfür liegen in der nicht reibungslos verlaufenen Kooperation zwischen Unternehmen und Forschung und der geringen politischen Unterstützung.

International konnte die Gesundheitsregion Berlin-Brandenburg in den letzten Jahren durch Messeauftritte Bekanntheit erlangen und ihren regional guten Ruf verbreiten. Die deutsch-kanadische (2007) und deutsch-polnische (2009) Konferenz konnte international Projekte anregen. [26]

Dringender Handlungsbedarf ist in der Struktur der Netzwerke gegeben. Aufgrund der geringen Personalausstattung können leider nicht so viele Projekte umgesetzt werden wie Ideen vorhanden sind. Die Förderung des Netzwerkes Health Capital Berlin-Brandenburg endet zudem zum September diesen Jahres und da die neue Struktur noch ungewiss ist, können auch noch keine eindeutigen Aussagen über die weitere Entwicklung gegeben werden.

Dieser Umstand zeigt deutlich das große Problem, welches in der Region besteht, es fehlt an einem übergreifenden Regionalmanagement, welches die einzelnen Netzwerke und regionalen Akteure koordiniert und die Akquirierung und Verwaltung der Fördermittel übernimmt. In der momentanen Struktur unterliegen die einzelnen Handlungsfelder jeweils einem eigenen Träger und einer eigenen Finanzierungsgrundlage. Ziel muss es sein, dieses zu vereinheitlichen, um effektiv Synergien auszunutzen und die Entwicklung voranzutreiben

4. Fazit und Ausblick:

Die Region Berlin-Brandenburg verfügt über die notwendigen Potentiale und Strukturen, um sich zu einer Gesundheitsregion zu entwickeln. An Hand der Faktenlage ist klar, dass Gesundheit für die Region gegenwärtig wie auch zukünftig eine enorme Rolle spielt.

Der Bereich der klinischen Versorgung wie auch der Grundlagenforschung kann auf eine exzellente Basis zurückgreifen und gehört bereits zu den Spitzenreitern innerhalb Deutschlands. Die Gesundheitsregion Berlin-Brandenburg verfügt über die nötigen Know-how Kräfte und das nötige Patientenaufkommen um Innovationen in Forschung und Entwicklung voranzutreiben. Den identifizierten Schwachstellen der Region wird versucht mit Hilfe der 12 Handlungsfelder und den Netzwerken entgegenzuwirken. Die im Masterplan formulierten Strategiemaßnahmen sind sinnvoll und unterstützen die Region auf ihrem Weg führende Gesundheitsregion innerhalb Deutschlands zu werden. Der Erfolg der Maßnahmen ist jedoch noch zweifelhaft. In den letzten Jahren konnten nur wenig Maßnahmen umgesetzt werden und die Maßnahmenträger tun sich schwer, ihre Ideen und Konzeptionen der Politik und Wirtschaft nachhaltig zu vermitteln. Es ist daher fraglich, ob wie angestrebt bis 2015 alle Maßnahmen umgesetzt werden können. Das Health-Capital Berlin-Brandenburg Netzwerk fungiert zwar in der Rolle des übergeordneten Dachverbandes, kann seine Position aber aufgrund von Personal- und Finanzmangel nicht ausschöpfen. Da die bisherige Netzwerkstruktur Ende dieses Jahres ausläuft bietet sich hier die Möglichkeit mit einem neuen Konzept anzusetzen und die Steuerung sowie Verwaltung der Maßnahmen, als auch die Koordination der regionalen Akteure zu vereinheitlichen und damit zukünftig effektiver zu gestalten.

Insgesamt werden die vorhandenen Potentiale, vor allem in der Kooperation zwischen Berlin und Brandenburg zu wenig genutzt. Das Konzept von Berlin als Wissenschafts- und Wirtschaftsstandort einerseits und Brandenburg als Wellness- und Rehabilitationszentrum andererseits bietet enorme Perspektiven, wird aber derzeitig nicht energisch genug angegangen. Die Naturerholungsräume Brandenburgs bieten Potentiale, die Region auch für den Tourismus attraktiver zu machen und im Zusammenhang mit der exzellenten medizinischen Versorgung in Brandenburg, vor allem aber in Berlin, können zukünftig neue Märkte und Arbeitsplätze erschlossen werden. Hier besteht für die Zukunft noch dringender Handlungsbedarf.

Quellen:

A. geführte Gespräche

- **Scherer, M.**: Netzwerk Gesundheitswirtschaft /HealthCapital Berlin Brandenburg; Interview geführt vom Autor am 29.07.2009, Berlin

B. Allgemeine Quellen

[1] **Netzwerk Gesundheitswirtschaft, TSB Innovationsagentur Berlin GmbH** (Hrsg.) Masterplan „ Gesundheitsregion Berlin-Brandenburg"; S.4.; Berlin, November 2007

[2] **Prognos AG** (Hrsg.) Presse (http://www.prognos.com/Detailansicht.436+M5f2a2dda0b0.0.html) Verfügbarkeitsdatum: 25.07.2009; 17:45 Uhr

[3] **Weltgesundheitsorganisation** (Hrsg.) Verfassung der Weltgesundheitsorganisation; S.1; New York, 1946

[4] **Weltgesundheitsorganisation** (Hrsg.) Ottawa-Charta zur Gesundheitsförderung 1ff. Ottawa; 21.11.1986

[5] **Aaron Antonovsky** (Hrsg.) Salutogenese: Zur Entmystifizierung der Gesundheit; S. 36; DVGT-Verlag; Deutsche Gesellschaft für Verhaltenstherapie, Tübingen; 1997

[6] **Weltgesundheitsorganisation** (Hrsg.) Ottawa-Charta zur Gesundheitsförderung 1ff. Ottawa; 21.11.1986

[7] **Fretschner, R., Grönemeyer, D., Hilbert, J.** (Hrsg.) Die Gesundheitswirtschaft-ein Perspektivenwechsel in Theorie und Emperie; In: IAT Jahrbuch; S.35; Gelsenkirchen; 2001/2002

[8] **in Anlehnung an: wikipedia** (Hrsg.) Region; (http://de.wikipedia.org/wiki/Region#.C3.96konomisch_definierte_Regionen) Verfügbarkeitsdatum: 27.07.2009; 20:15 Uhr

[9] **Hilbert, J.; Fretscher, R. Dülberg, A.**;(Hrsg.) Rahmenbedingungen und Herausforderungen der Gesundheitswirtschaft, S.6-10; Gelsenkirchen, Juli 2002

[10] **Dahlbeck, E.; Hilbert, J.; Potratz, W. (Hrsg.); Gesundheitswirtschaftsregionen im Vergleich: Auf der Suche nach erfolgreichen Entwicklungsstrategien. In: IAT Jahrbuch 2003/2004; S.93; Nordrhein-Westfalen**

[11] **in Anlehnung an: Sydow, J.** ; (Hrsg.) Strategische Netzwerke; S.89ff; Verlag Gabler; Wiesbaden 1992

[12] **Netzwerk Gesundheitswirtschaft, TSB Innovationsagentur Berlin GmbH** (Hrsg.) Wachstums- und Beschäftigungspotentiale in der Gesundheitswirtschaft Berlin-Brandenburg; S.11; berlin, April 2007

[13] **Netzwerk Gesundheitswirtschaft, TSB Innovationsagentur Berlin GmbH** (Hrsg.) Masterplan „ Gesundheitsregion Berlin-Brandenburg"; S.6.; Berlin, November 2007

[14] **Charité - Universitätsmedizin Berlin** (Hrsg.); Startseite; (http://www.charite.de/)
Verfügbarkeitsdatum: 25.07.2009 16:34 Uhr

[15] **Vivantes – Netzwerk für Gesundheit GmbH** (Hrsg.); Konzern;
(http://www.vivantes.de/web/konzern.htm)Verfügbarkeitsdatum: 28.07.2009; 21:56 Uhr

[16] **Gesunde Städte-Netzwerk** (Hrsg.); Mitglieder; (http://www.gesunde-staedte-netzwerk.hosting-kunde.de/dasnetzwerk/mitglieder) Verfügbarkeitsdatum: 28.07.2009; 18:45 Uhr

[17] **Industrie- und Handelskammer zu Berlin** (Hrsg.); Zahlen und Fakten;
(http://www.berlin.ihk24.de/servicemarken/branchen/Gesundheitswirtschaft/Brancheninfo
rmationen/Daten_Gesundheitsregion.jsp) Verfügbarkeitsdatum: 20.07.2009; 17:23 Uhr

[18] **Netzwerk Gesundheitswirtschaft** (Hrsg.); Gesundheitswirtschaft in Berlin-Brandenburg;
(http://www.healthcapital.de/ueber-uns/gesundheitswirtschaft-in-berlin-brandenburg.html)
Verfügbarkeitsdatum: 27.07.2009; 20:31 Uhr

[19] **Financial Times Deutschland** (Hrsg.); Alle Gesundheitsregionen auf einen Blick;
(http://www.ftd.de/unternehmen/gesundheitswirtschaft/:Alle%20Gesundheitsregionen%20Blick/1
38094.html?p=5#a1) Verfügbarkeitsdatum: 20.07.2009; 19:32 Uhr

[20] **eigene Darstellung unter Verwendung von: Netzwerk Gesundheitswirtschaft, TSB
Innovationsagentur Berlin GmbH** (Hrsg.) Masterplan „ Gesundheitsregion Berlin-Brandenburg"; S.6ff.; Berlin, November 2007

[21] **Netzwerk Gesundheitswirtschaft, TSB Innovationsagentur Berlin GmbH** (Hrsg.)
Masterplan „ Gesundheitsregion Berlin-Brandenburg"; S.9; Berlin, November 2007

[22] **Netzwerk Gesundheitswirtschaft, TSB Innovationsagentur Berlin GmbH** (Hrsg.)
Masterplan „ Gesundheitsregion Berlin-Brandenburg"; S.11-48; Berlin, November 2007

[23] **Scherer, M.** Health-Capital Berlin-Brandenburg; Interview geführt vom Autor am
29.07.2009

[24] **Netzwerk Gesundheitswirtschaft** (Hrsg.); Lehre, Ausbildung, Fortbildung;
(http://www.healthcapital.de/ueber-uns/handlungsfelder/2-lehre-ausbildung-fortbildung.html)
Verfügbarkeitsdatum: 29.07.2009; 21:35 Uhr

[25] **Netzwerk Gesundheitswirtschaft** (Hrsg.); Prävention, Gesundheitsförderung, Rehabilitation
und Ernährung; (http://www.healthcapital.de/ueber-uns/handlungsfelder/9-gesundheitsfoerderung.html) Verfügbarkeitsdatum: 29.07.2009; 21:36 Uhr

[26] **Scherer, M.** Health-Capital Berlin-Brandenburg; Interview geführt vom Autor am
29.07.2009